Desbloquea tu motivación

DOPAMINA
ALCANZA TUS METAS CON ESTA ALIADA

Desbloquea tu motivación

—— **DOPAMINA** ——

ALCANZA TUS METAS CON ESTA ALIADA

PAIDÓS

© 2025, Estudio PE S. A. C.

Desarrollo editorial: Anónima Content Studio
Coordinación editorial: Daniela Alcalde
Cuidado de la edición: Carlos Ramos y Daniela Alcalde
Redacción e investigación: María José Fermi y Micaela Arizola
Revisión científica: Laia Alonso
Diseño de portada: Lyda Naussán
Diseño de interior e infografías: Gian Saldarriaga
Fotografías: Lummi

Derechos reservados

© 2025, Ediciones Culturales Paidós, S.A. de C.V.
Bajo el sello editorial PAIDÓS M.R.
Avenida Presidente Masarik núm. 111,
Piso 2, Polanco V Sección, Miguel Hidalgo
C.P. 11560, Ciudad de México
www.planetadelibros.com.mx
www.paidos.com.mx

Primera edición impresa en México: abril de 2025
ISBN: 978-607-569-945-5

No se permite la reproducción total o parcial de este libro ni su incorporación a un sistema informático, ni su transmisión en cualquier forma o por cualquier medio, sea este electrónico, mecánico, por fotocopia, por grabación u otros métodos, sin el permiso previo y por escrito de los titulares del *copyright*.

Queda expresamente prohibida la utilización o reproducción de este libro o de cualquiera de sus partes con el propósito de entrenar o alimentar sistemas o tecnologías de Inteligencia Artificial (IA).

La infracción de los derechos mencionados puede ser constitutiva de delito contra la propiedad intelectual (Arts. 229 y siguientes de la Ley Federal del Derecho de Autor y Arts. 424 y siguientes del Código Penal Federal).

Si necesita fotocopiar o escanear algún fragmento de esta obra diríjase al CeMPro (Centro Mexicano de Protección y Fomento de los Derechos de Autor, http://www.cempro.org.mx).

Impreso en los talleres de Litográfica Ingramex, S.A. de C.V.
Centeno núm. 162-1, colonia Granjas Esmeralda, Ciudad de México
Impreso y hecho en México – *Printed and made in Mexico*

8
INTRODUCCIÓN
La química corporal

Las emociones en el cuerpo	**12**
El sistema endocrino y el control de nuestro organismo	**14**
El sistema nervioso: el descifrador de estímulos	**19**
Los neurotransmisores: conexiones esenciales	**21**
Las feromonas: aliadas sutiles	**24**
Otras alianzas estratégicas	**26**
Las hormonas: emisarias eficientes	**28**
El desorden de los trastornos hormonales	**32**
La felicidad explicada de forma orgánica	**34**

36
CAPÍTULO 1
Dopamina:
la hormona
del placer

¿Qué es
la dopamina? **38**

La dopamina
en nuestro cuerpo **44**

Efectos en
el cuerpo humano **48**

Un caso
para analizar **50**

Tu especialista
de cabecera dice **52**

56
CAPÍTULO 2
Nuestra
aliada en
la motivación

¿Cuándo
liberamos dopamina? **58**

Relaciones
químicas **62**

El mapa de
la motivación **64**

Un caso
para analizar **66**

Tu especialista
de cabecera dice **68**

72
CAPÍTULO 3
Cuando
las alertas
se disparan

Cuestiones
de equilibrio **74**

Alteraciones
y efectos **80**

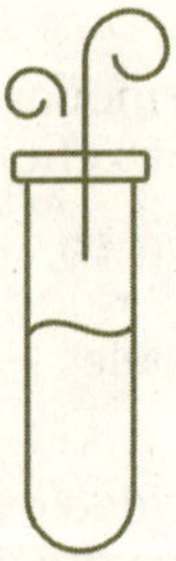

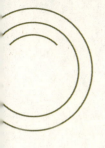

Test: ¿Dopamina en equilibrio? **82**

Un caso para analizar **88**

Tu especialista de cabecera dice **90**

Test: Experto en dopamina **110**

Tu especialista de cabecera dice **116**

94
CAPÍTULO 4
Equilibrio y bienestar

120
COLOFÓN
Creer para crear

Dopamina en balance **96**

La clave está en la gestión **99**

Cómo mantener la dopamina en equilibrio **104**

Doce pasos hacia la química de la felicidad **123**

Compromisos para mi bienestar **136**

Acciones para mi equilibrio **138**

Los seres que elevan los químicos de mi felicidad **140**

Tu especialista de cabecera dice **142**

Esta colección es un manual para descubrir la fisiología y la bioquímica que te llevarán al camino de la felicidad. Es también una invitación a un viaje que desvela la relación entre lo físico y lo emocional siguiendo la ruta de seis hormonas (oxitocina, dopamina, endorfinas, serotonina, testosterona y cortisol) y los neurotransmisores que tienen un papel fundamental en nuestras emociones y salud mental.

Para comenzar, en cada libro definiremos los principales conceptos sobre la química de la felicidad. Luego, se describirá cada una de las seis hormonas y se explicará cómo actúan y los efectos que producen en el cuerpo. Además, encontrarás ejemplos prácticos sobre cómo estimular las hormonas y los neurotransmisores para mantener el equilibrio entre ellos. Así podrás cambiar tus hábitos e incorporar nuevas prácticas para un estilo de vida más sano y, sobre todo, para convertirte en una versión tuya más feliz.

Las emociones en el cuerpo

Esperar los resultados de un proceso de selección de personal, sentir que el tiempo se detiene porque tu pareja no responde tu mensaje de WhatsApp o contar los días para emprender el viaje soñado con tus amigos son ejemplos de factores que probablemente te produzcan sentimientos de ansiedad y estrés. ¿Sabías que estas y otras respuestas emocionales se pueden manifestar en distintas partes de nuestro cuerpo? Partiendo de esta idea, un equipo de científicos finlandeses creó el mapa corporal de las emociones humanas.

Las emociones nos permiten adaptarnos a diversas situaciones, protegernos de amenazas y relacionarnos con otros seres.

LA QUÍMICA CORPORAL

En su estudio —realizado en 2013—, los participantes debían ubicar en qué parte del cuerpo sentían cada una de sus emociones. Tras este procedimiento, el grupo de investigadores descubrió que la emoción no solo modula la salud mental, sino que también genera respuestas concretas en ciertas zonas corporales, independientemente de la cultura a la que el individuo pertenezca. Estas reacciones son mecanismos biológicos que nos enseñan la conexión de la mente con el cuerpo. Cada emoción viene con su propia manifestación física.

Según este mapa, las dos emociones que generan respuestas más intensas, casi en todo el cuerpo, son la alegría y el amor. Por su parte, la depresión se percibe en el tórax, mientras que la ansiedad y la envidia se sienten en el pecho y la cabeza, respectivamente.

En ese sentido, el sistema endocrino es el encargado de traducir los estímulos y procesarlos en nuestro organismo. ¿Cómo? Mediante señales químicas que unas células, como las neuronas, transmiten a otras para influir en su comportamiento.

El sistema endocrino y el control de nuestro organismo

El sistema endocrino influye en casi todo el funcionamiento del cuerpo. Está compuesto por glándulas que producen hormonas, sustancias químicas que son liberadas directamente en nuestra sangre para que lleguen a las células, tejidos y órganos, de manera que ayuden a controlar el estado de ánimo, el crecimiento, el desarrollo, el metabolismo, la reproducción, el apetito y el sueño, entre otros. Las hormonas funcionan como mensajeros que comunican a las distintas partes de nuestro organismo la función que deben cumplir.

Las hormonas tienen un impacto directo en nuestra conducta.

LA QUÍMICA CORPORAL

Las hormonas pueden influir en nuestro apetito.

Este sistema determina qué cantidad de cada hormona se segrega en el torrente sanguíneo, lo cual depende del nivel de concentración de esta y otras sustancias. Algunos factores como el estrés, las infecciones y los cambios en el equilibrio de líquidos y minerales de la sangre también afectan las concentraciones hormonales.

DESBLOQUEA TU MOTIVACIÓN: DOPAMINA

LAS PRINCIPALES GLÁNDULAS ENDOCRINAS

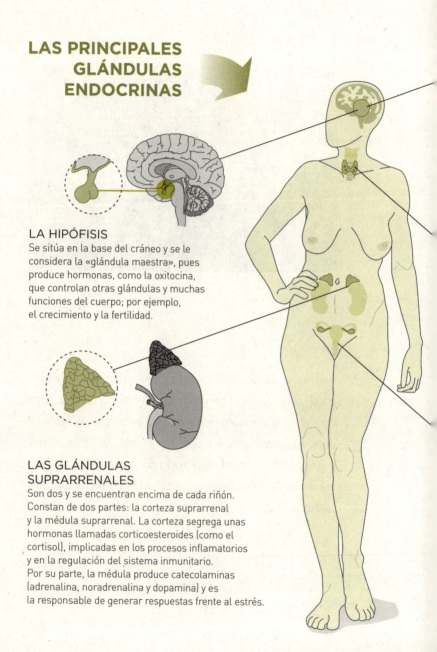

LA HIPÓFISIS
Se sitúa en la base del cráneo y se le considera la «glándula maestra», pues produce hormonas, como la oxitocina, que controlan otras glándulas y muchas funciones del cuerpo; por ejemplo, el crecimiento y la fertilidad.

LAS GLÁNDULAS SUPRARRENALES
Son dos y se encuentran encima de cada riñón. Constan de dos partes: la corteza suprarrenal y la médula suprarrenal. La corteza segrega unas hormonas llamadas corticoesteroides (como el cortisol), implicadas en los procesos inflamatorios y en la regulación del sistema inmunitario. Por su parte, la médula produce catecolaminas (adrenalina, noradrenalina y dopamina) y es la responsable de generar respuestas frente al estrés.

LA QUÍMICA CORPORAL

EL HIPOTÁLAMO
Se encuentra en la parte central inferior del cerebro y recoge la información que este recibe, como la temperatura que nos rodea, el hambre, el sueño, las emociones, etc. Luego, la envía a la hipófisis, uniendo el sistema endocrino con el sistema nervioso. Esto nos mantiene en homeostasis.

LA GLÁNDULA PINEAL
Está ubicada en el centro del cerebro. Segrega melatonina, una hormona que regula el sueño.

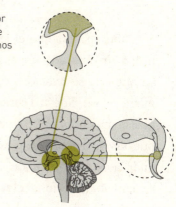

LA GLÁNDULA TIROIDEA
Se localiza en la parte baja y anterior del cuello. Produce las hormonas tiroideas tiroxina y triiodotironina, que controlan la velocidad con que las células queman el combustible de los alimentos para generar energía. Además, son importantes porque, cuando somos niños y adolescentes, ayudan a que nuestros huesos crezcan y se desarrollen.

LAS GLÁNDULAS PARATIROIDEAS
Son cuatro que están unidas a la glándula tiroidea y, conjuntamente, segregan la hormona paratiroidea, que regula la concentración de calcio en la sangre.

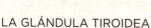

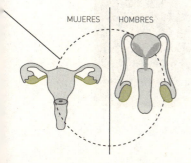

MUJERES | HOMBRES

LAS GLÁNDULAS REPRODUCTORAS
También llamadas gónadas, son las principales fuentes de las hormonas sexuales. En los hombres, las gónadas masculinas o testículos segregan un conjunto de hormonas llamadas andrógenos, entre las cuales la más importante es la testosterona. En las mujeres, las gónadas femeninas u ovarios producen óvulos y segregan las hormonas femeninas: el estrógeno y la progesterona.

17

Cabe resaltar que el sistema endocrino no es el único involucrado en el trabajo de las hormonas, ya que este se relaciona estrechamente con el sistema nervioso. Nuestro cerebro envía las instrucciones al sistema endocrino, el cual «alimenta» con sus respuestas al sistema nervioso, que recopila, procesa y guarda esta información. Estos sistemas forman una relación bidireccional clave para mantener el equilibrio de nuestro cuerpo.

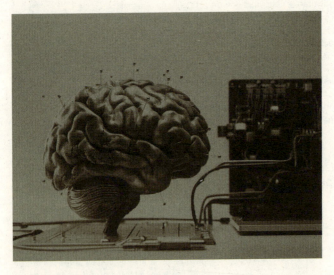

El cerebro es como el centro de operaciones de nuestro cuerpo. Envía las instrucciones para cada una de sus funciones.

LA QUÍMICA CORPORAL

El sistema nervioso: el descifrador de estímulos

El sistema nervioso es una red compleja de células especializadas, principalmente neuronas, que se encargan de coordinar y controlar las funciones de nuestro cuerpo. Se divide en dos partes principales:

- **Sistema nervioso central (SNC):** incluye el cerebro y la médula espinal. Es el centro de procesamiento y control, donde se reciben y analizan las señales del cuerpo y el entorno, y se toman decisiones para coordinar respuestas.

- **Sistema nervioso periférico (SNP):** está formado por nervios que conectan el SNC con el resto del cuerpo. Se subdivide en:

  - **Sistema nervioso somático:** controla las acciones voluntarias, como el movimiento de los músculos.

19

▪ **Sistema nervioso autónomo:** regula funciones involuntarias, como la digestión y la respiración. Este, a su vez, está conformado por el sistema simpático, que activa la respuesta de lucha o huida ante situaciones de estrés, y el sistema parasimpático, que promueve el descanso y la digestión, facilitando la recuperación del cuerpo.

Asimismo, el sistema nervioso hace posible la comunicación entre el cuerpo y el cerebro, asegurando que las funciones vitales y las respuestas a estímulos externos se realicen de manera eficiente.

Como sabemos, todo en el cuerpo humano está entrelazado. No hay sistema u órgano que no esté relacionado con otros. Este también es el caso del sistema nervioso, como veremos a continuación.

LA QUÍMICA CORPORAL

Los neurotransmisores: conexiones esenciales

Son las sustancias químicas que envían información precisa de una neurona a otra. Ese intercambio que sucede en las neuronas de nuestro cerebro es esencial para poder sentir, pensar y actuar. Esta sinapsis o conexión que se establece entre neuronas próximas da como resultado la regulación de nuestro organismo.

Si bien los neurotransmisores y las hormonas comparten muchas características, no son lo mismo. Una de las grandes diferencias entre ambos es que los neurotransmisores viajan a través de las sinapsis en el sistema nervioso central para comunicarse con otras neuronas y músculos, mientras que las hormonas se producen en las glándulas endocrinas —como el hipotálamo, la hipófisis o la tiroides— y recorren el cuerpo a través del torrente sanguíneo para llegar a los órganos.

> En 1921, el fisiólogo alemán Otto Loewi descubrió la existencia de los neurotransmisores en el cerebro.

21

Existen más de cuarenta neurotransmisores en el sistema nervioso humano. Algunos de los más importantes son:

- **Serotonina**: conocido como el «neurotransmisor de la felicidad», tiene un papel fundamental en la regulación del estado de ánimo, el sueño y el apetito. También influye en el buen funcionamiento cognitivo, la memoria y la modulación del dolor.
- **Dopamina**: está vinculada con la motivación, la recompensa y el placer. Se libera cuando experimentamos satisfacción —como cuando comemos algo que nos gusta— y está relacionada con el proceso de aprendizaje y la memoria.
- **Noradrenalina**: desempeña un papel crucial en la respuesta al estrés y la regulación del estado de alerta, por lo que siempre está siendo secretada en pequeñas cantidades. Cuando necesitamos estar enfocados y atentos, este neurotransmisor es el responsable de preparar nuestro cuerpo y mente para afrontar los desafíos.

- **Adrenalina:** se libera exclusivamente en situaciones de estrés o peligro, en las que envía señales de alerta y nos prepara para la respuesta de lucha o huida, dando lugar al aumento de la frecuencia cardiaca y la presión arterial.
- **Ácido gamma-aminobutírico o GABA:** funciona como inhibidor del cerebro, ya que contrarresta la acción excitatoria de otros neurotransmisores, lo que genera un efecto calmante y mantiene en equilibrio nuestro sistema nervioso. Los medicamentos que son utilizados en los trastornos de ansiedad, como las benzodiacepinas, actúan sobre este neurotransmisor.

Si bien las hormonas y los neurotransmisores funcionan dentro de nuestro organismo mediante mensajes químicos entre los sistemas endocrino y nervioso, fuera del cuerpo trabajan las feromonas, que son señales para los miembros de la misma especie. Estas señales son interpretadas por nuestro cerebro y se desata como respuesta la comunicación interna hormonal.

Las feromonas: aliadas sutiles

Son sustancias químicas emitidas por la mayoría de los seres vivos para provocar respuestas en otros individuos de la misma especie, ayudándolos a comunicarse y organizarse eficientemente.

En los animales, las feromonas influyen en la atracción sexual, la delimitación de territorios, la identificación de miembros de la familia o la advertencia de peligro; mientras que en nosotros, los humanos, pueden afectar el comportamiento social y sexual de forma sutil.

Los tipos más comunes de feromonas en animales y humanos son:

- **De señalización sexual:** están relacionadas con el apareamiento y la atracción sexual.
- **De alarma:** son emitidas en situaciones de peligro o estrés para alertar a otros ante una amenaza inminente.
- **Territoriales:** sirven para marcar un territorio y evitar que otros individuos entren en él. En los animales, pueden estar en la orina y los excrementos.

LA QUÍMICA CORPORAL

- **De rastro:** ayudan a los miembros de un grupo de la misma especie a orientarse y seguir rutas establecidas.
- **Calmantes:** tienen un efecto tranquilizante sobre otros seres de la misma especie.
- **De agregación:** permiten a los individuos identificar a miembros de su propia especie o compañeros de grupo.

En una pareja, realmente existe una química que hace que se sientan atraídos el uno por el otro.

25

DESBLOQUEA TU MOTIVACIÓN: DOPAMINA

Otras alianzas estratégicas

El sistema endocrino es el protagonista en el trabajo hormonal. Se encarga de enviar información a las glándulas y órganos que elaboran hormonas para que estos, a su vez, las liberen en la sangre. De esta manera, sus mensajes llegan a todo nuestro cuerpo y los siguientes sistemas lo ayudan a realizar bien su trabajo:

SISTEMA ENDOCRINO

Elabora y libera hormonas en la sangre para que lleguen a los tejidos y órganos de todo el cuerpo.

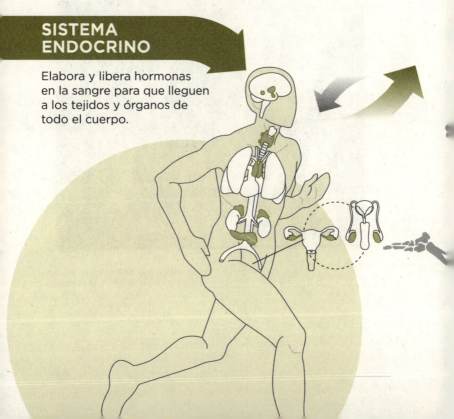

LA QUÍMICA CORPORAL

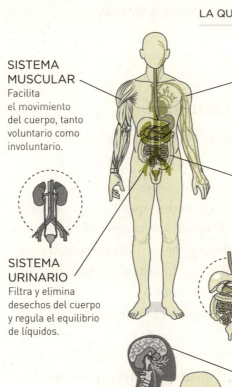

SISTEMA MUSCULAR
Facilita el movimiento del cuerpo, tanto voluntario como involuntario.

SISTEMA CIRCULATORIO
Transporta sangre, oxígeno y nutrientes a las células del cuerpo.

SISTEMA DIGESTIVO
Transforma alimentos en energía y nutrientes para el crecimiento y la reparación.

SISTEMA URINARIO
Filtra y elimina desechos del cuerpo y regula el equilibrio de líquidos.

SISTEMA NERVIOSO
Coordina las acciones del cuerpo mediante señales eléctricas y químicas.

SISTEMA ESQUELÉTICO
Soporta y protege los tejidos y órganos del cuerpo, además de facilitar su movimiento.

SISTEMA RESPIRATORIO
Aporta oxígeno al cuerpo y elimina dióxido de carbono.

Las hormonas: emisarias eficientes

Son compuestos químicos generados por las glándulas del sistema endocrino que funcionan como transmisores de señales en nuestro cuerpo. Se desplazan por el torrente sanguíneo y son esenciales para preservar el equilibrio y la armonía entre nuestros distintos órganos y sistemas.

En cuanto a sus funciones principales, destacamos:

- **Regulación del metabolismo:** la insulina y las hormonas tiroideas controlan cómo nuestro cuerpo convierte los alimentos en energía.
- **Crecimiento y desarrollo:** las hormonas del crecimiento y sexuales, como los estrógenos y la testosterona, son clave para nuestro desarrollo físico durante la niñez, adolescencia y pubertad.
- **Mantenimiento del equilibrio interno (homeostasis):** el cortisol y la aldosterona nos ayudan a regular el equilibrio de sal, agua y minerales en el cuerpo.
- **Reproducción y desarrollo sexual:** los estrógenos, la testosterona y la progesterona

Cuando hay demasiadas o muy pocas hormonas en el torrente sanguíneo, se produce el desequilibrio hormonal y se desencadenan problemas de salud. Por eso, es esencial que haya un balance adecuado entre ellas para que funcionemos óptimamente y podamos evitar los siguientes efectos negativos:

- **Trastornos metabólicos:** un exceso o déficit de hormonas tiroideas o insulina puede generarnos hipotiroidismo, hipertiroidismo o diabetes.
- **Problemas emocionales:** un desequilibrio de cortisol o de las hormonas del estrés puede causarnos ansiedad, depresión o irritabilidad.
- **Problemas de crecimiento:** la deficiencia de la hormona del crecimiento puede ocasionarnos problemas como enanismo, mientras que un exceso provoca gigantismo o acromegalia.

controlan el desarrollo de los caracteres sexuales secundarios y, según el sexo, regulan el ciclo menstrual, el embarazo o la producción de esperma.

- **Regulación del estado de ánimo y el comportamiento:** el cortisol y la testosterona influyen en nuestro estado emocional y los niveles de energía.
- **Respuesta al estrés:** el cortisol y la adrenalina preparan al cuerpo para reaccionar ante situaciones de estrés o peligro.

El funcionamiento adecuado de nuestras hormonas nos ayudará a lograr el bienestar y el equilibrio.

LA QUÍMICA CORPORAL

- **Alteraciones reproductivas:** un desequilibrio en las hormonas sexuales puede causar, en las mujeres, infertilidad y problemas menstruales, mientras que, en los hombres, genera baja producción de esperma o disfunción eréctil.
- **Estrés crónico y fatiga:** un exceso de cortisol puede llevarnos al agotamiento, problemas de memoria y aumento de peso.

Debido a la importancia que tienen las hormonas para el organismo, su desbalance puede causarnos trastornos hormonales.

> Si no se atienden a tiempo, los desequilibrios hormonales pueden desencadenar afecciones crónicas. Por eso, es importante cuidar el equilibrio químico de nuestro cuerpo.

El desorden de los trastornos hormonales

Los trastornos hormonales aparecen cuando tenemos un desequilibrio en la producción o función de las hormonas en el cuerpo. Algunos de los más importantes son los siguientes:

- Hipotiroidismo: ocurre cuando nuestra glándula tiroides no produce suficiente cantidad de dos hormonas tiroideas (T3 y T4). Entonces, se desregulan las reacciones metabólicas del organismo y se afectan las funciones neuronales, cardiocirculatorias, digestivas, entre otras.
- Hipertiroidismo: es un exceso de hormonas tiroideas que puede acelerar el metabolismo y, como consecuencia de ello, producirnos una pérdida de peso inesperada, acelerar nuestro ritmo cardiaco y predisponernos a un aumento de sudoración o de irritabilidad.
- Diabetes: consiste en la deficiencia o resistencia a la insulina, lo que afecta la regulación del azúcar en la sangre y nos puede causar

LA QUÍMICA CORPORAL

daños graves en el corazón, los vasos sanguíneos, los ojos, los riñones y los nervios.

- Síndrome de ovario poliquístico (SOP): se define como el desequilibrio de las hormonas sexuales femeninas (exceso de andrógenos) y puede provocar la ausencia de la menstruación o ciclos irregulares.
- Insuficiencia suprarrenal (enfermedad de Addison): se origina cuando las glándulas suprarrenales no producen suficiente cortisol y aldosterona.
- Síndrome de Cushing: se produce por un exceso de cortisol en nuestro cuerpo.
- Acromegalia: sucede como consecuencia de tener niveles altos de la hormona de crecimiento en los adultos, generalmente debido a un tumor en la glándula pituitaria.
- Hipogonadismo: es la producción insuficiente de hormonas sexuales (testosterona en hombres, estrógeno en mujeres).
- Hiperprolactinemia: ocurre por un exceso de prolactina, regularmente causado por un tumor en la glándula pituitaria.
- Menopausia precoz: se trata de la disminución temprana de los niveles de estrógeno, generalmente antes de los 40 años.

La felicidad explicada de forma orgánica

Las hormonas y los neurotransmisores juegan un papel fundamental en la regulación de las emociones. Los desequilibrios hormonales pueden generar cambios de humor, ansiedad, depresión u otras alteraciones. Por el contrario, mantener un equilibrio hormonal saludable favorece nuestra estabilidad emocional y bienestar mental, lo que está ligado estrechamente con la felicidad.

Estas son las hormonas y los neurotransmisores claves que influyen en ella:

- Serotonina: sus niveles adecuados se asocian con la felicidad; no obstante, niveles bajos pueden conducirnos a estados de depresión y ansiedad.
- Dopamina: cuando realizamos actividades placenteras o alcanzamos metas, su cantidad se incrementa y esto genera sensaciones de satisfacción.

LA QUÍMICA CORPORAL

- **Oxitocina:** esta hormona aumenta durante el contacto físico, las interacciones sociales positivas y la formación de vínculos afectivos, lo que promueve una sensación de bienestar.
- **Endorfinas:** su liberación, a través del ejercicio, la risa y el sexo, nos hace sentir euforia y relajamiento.
- **Testosterona:** niveles equilibrados están asociados con una mayor energía y una mejor sensación general; mientras que niveles bajos pueden estar relacionados con la depresión y la fatiga. Cabe precisar que la producción de esta hormona en hombres y mujeres presenta rangos diferentes.
- **Cortisol:** su exceso nos ocasiona inestabilidad emocional, por eso hay que estar atentos para regularlo. Provoca irritabilidad, la sensibilidad está a flor de piel, lo que deviene en conflictos con otras personas o en sentimientos de angustia, tristeza o exaltación.

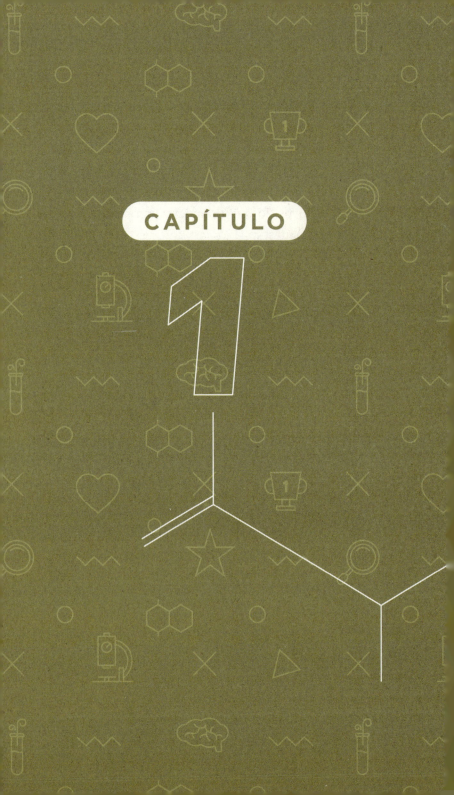
CAPÍTULO 1

DOPAMINA: LA HORMONA DEL

placer

¿Qué es la dopamina?

Es un neurotransmisor y hormona presente en los seres humanos y gran parte de las criaturas del reino animal. Se encarga de regular en nuestro organismo las funciones vinculadas al placer, la motivación y la recompensa.

Liberamos dopamina cuando conseguimos algo gratificante y mientras nos esforzamos para lograrlo. Esta sustancia nos impulsa a actuar porque sabemos que habrá una recompensa a futuro. Por ejemplo, es la motivación que sentimos cuando estamos cocinando nuestro platillo favorito y también la explosión de satisfacción cuando probamos el primer bocado.

La dopamina no solo está relacionada con el placer y la motivación, pues también participa en la toma de decisiones, la coordinación de los movimientos musculares, la memoria y la atención. Por este motivo, el equilibrio de sus niveles resulta crucial tanto para nuestra salud física como mental.

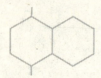

Placer y más placer

La dopamina es conocida como la «hormona del placer». En la evolución de nuestra especie, apareció como un mecanismo de supervivencia, cuando la satisfacción que experimentábamos al comer o al tener relaciones sexuales nos impulsaba a alimentarnos y reproducirnos, ambas funciones básicas para asegurar la conservación de la especie. Cerca del 90% de los seres del reino animal producen dopamina con ese objetivo.

Hoy, por el contrario, el mundo ha evolucionado hacia un entorno donde abundan los estímulos de dopamina y estos van mucho más allá de solo comer o reproducirse. Nuestros cerebros, sin embargo, no han acompañado esa transformación y mantenemos el mismo sistema de recompensa basado en este neurotransmisor.

Las redes sociales están llenas de estímulos: fotos bonitas, videos graciosos, memes ingeniosos, etc.

Ahogados en dopamina

La vida moderna nos permite obtener placer inmediato con un mínimo esfuerzo, lo que nos hace vivir entre picos constantes de dopamina. Existen estímulos por doquier: desde una barra de chocolate y el *delivery* de comida chatarra, hasta recibir un «me gusta» en las redes sociales. Ni qué decir del acceso a pornografía y el consumo de drogas.

El abuso de estas fuentes de placer inmediatas puede desencadenar una adicción, lo que afectaría nuestro nivel de referencia de dopamina. Es como si la balanza que la mide en nuestro cerebro quedara descalibrada. En consecuencia, cada vez nos resultará más difícil experimentar placer y motivación genuinos y se les abre la puerta a sensaciones de vacío, insatisfacción e incluso a la depresión.

El consumo excesivo y frecuente de azúcar nos puede inducir a picos de dopamina poco saludables.

¿Cómo se produce?

En los seres humanos, la dopamina se genera en distintas partes del cuerpo según su función. En el cerebro, se sintetiza principalmente en la sustancia negra y en el área tegmental ventral, ambas ubicadas en el mesencéfalo. La sustancia negra es fundamental en los procesos relacionados al movimiento y favorece el aprendizaje vinculado con la recompensa. Por su parte, el área tegmental ventral también interviene en el sistema de recompensa y el aprendizaje, y está muy implicada en la motivación.

Hay otra área donde la dopamina no existe exclusivamente como neurotransmisor, sino también como hormona. Este es el caso de aquella dopamina originada en el hipotálamo con la finalidad de inhibir la secreción de prolactina, la sustancia que estimula la producción de leche en las glándulas mamarias. Tras el parto, los niveles de dopamina disminuyen, lo que hace posible que la prolactina aumente y se produzca leche. Cuando el periodo de lactancia culmina, los niveles de dopamina vuelven a subir, suprimiendo la prolactina y deteniendo la producción de leche.

Asimismo, se produce dopamina en el intestino, en las glándulas suprarrenales, en el riñón y en algunas células inmunitarias. En todos estos casos, se vincula con objetivos más puntuales relacionados con el correcto funcionamiento de estos órganos. En el intestino, trabaja en el movimiento digestivo; en las glándulas suprarrenales, contribuye indirectamente con la regulación cardiovascular; en el riñón, con el equilibrio de agua y sodio del cuerpo; y en las células inmunitarias, con la respuesta inflamatoria.

La dopamina no se encuentra en alimentos, bebidas, minerales u otros; no obstante, es posible estimular su producción consumiendo fuentes ricas en tirosina, el aminoácido que nuestro cuerpo usa para fabricar dopamina. Al respecto, podemos mencionar ciertas frutas como la chirimoya, el plátano, los aguacates y los kiwis. También contienen tirosina la carne de res, pollo y pavo, las almendras, los lácteos, el té verde, la soya y el chocolate.

La dopamina interviene en múltiples procesos corporales, no solo actúa en el cerebro.

Un poco de historia

En 1910, los científicos George Barger y James Ewens lograron sintetizar por primera vez la dopamina en Londres, Inglaterra. En ese momento, se creía que esta sustancia era únicamente la precursora de dos neurotransmisores: epinefrina y norepinefrina. Es decir, que funcionaba como la sustancia base para que, mediante una serie de reacciones químicas, se pudieran formar la epinefrina y la norepinefrina, elementos necesarios en la respuesta del cuerpo para huir o enfrentar situaciones de estrés o amenaza.

Sin embargo, en 1957, se empezaría a revelar la verdadera magnitud de la dopamina en el organismo al identificarla como un neurotransmisor en sí misma. En este hallazgo trabajaron dos grupos de científicos de forma simultánea, aunque independientemente uno de otro. Por un lado, Arvid Carlsson y su equipo en Lund, Suecia; por otro, Kathleen Montagu y su equipo en Londres, Inglaterra. En el año 2000, Carlsson ganó el Premio Nobel de Medicina por sus estudios sobre la dopamina y sus atributos.

DESBLOQUEA TU MOTIVACIÓN: DOPAMINA

La dopamina en nuestro cuerpo

La dopamina es sintetizada en zonas clave para su funcionamiento, como el cerebro o los riñones. A continuación, te mostramos cómo se origina y qué funciones cumple en los distintos órganos de nuestro cuerpo.

1 EN EL CEREBRO

A La dopamina se produce en muchas partes de este órgano, especialmente en la zona central donde están la sustancia negra y el área tegmental ventral.

Dependiendo del lugar al que llegue, se genera una respuesta como la sensación de satisfacción, un aumento de la motivación o de la contracción muscular.

DOPAMINA: LA HORMONA DEL PLACER

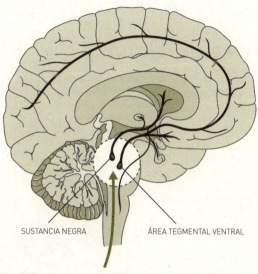

SUSTANCIA NEGRA   ÁREA TEGMENTAL VENTRAL

B Allí, la tirosina se sintetiza en dopamina y se almacena en ciertas neuronas.

C A través de una señal eléctrica (acción potencial) generada por las neuronas se libera dopamina. Esta viajará a distintas zonas del cerebro en función de la información transmitida por esa señal. Según la naturaleza del mensaje, las áreas que pueden activarse son:

EL NÚCLEO ACCUMBENS: placer y recompensa

LA CORTEZA PREFRONTAL: motivación y toma de decisiones

LOS GANGLIOS BASALES: control del movimiento

DESBLOQUEA TU MOTIVACIÓN: DOPAMINA

2. EN EL INTESTINO

A Las células y neuronas existentes en la pared intestinal procesan la tirosina de los alimentos y sintetizan dopamina.

B Se libera dopamina no como neurotransmisor, sino como hormona para regular funciones específicas como:

- El movimiento intestinal
- La respuesta inflamatoria
- La secreción de fluidos y electrolitos

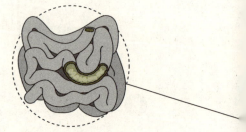

3. EN EL RIÑÓN

A Las células tubulares del riñón procesan el aminoácido L-Dopa del torrente sanguíneo para producir dopamina.

B Esta se libera directamente en el riñón y regula funciones específicas como el equilibrio de la presión arterial, el agua y el sodio.

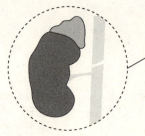

4. EN LAS GLÁNDULAS SUPRARRENALES

A Frente a un factor de estrés o una amenaza, las glándulas que se encuentran arriba de los riñones generan pequeñas cantidades de dopamina como parte de la vía de síntesis de las catecolaminas.

B Estas se liberan a través del torrente sanguíneo y viajan por todo el cuerpo junto con la adrenalina y la noradrenalina.

C Ayudan al organismo en su regulación cardiovascular y su gestión del estrés.

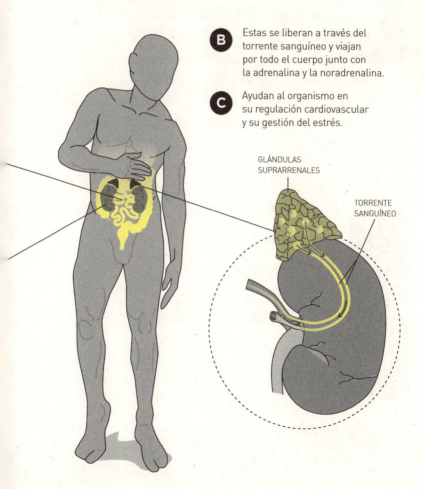

GLÁNDULAS SUPRARRENALES

TORRENTE SANGUÍNEO

DESBLOQUEA TU MOTIVACIÓN: DOPAMINA

Efectos en el cuerpo humano

La dopamina interviene en muchos de los procesos de nuestro cuerpo. Su acción depende de dónde, cuándo, cómo y en qué cantidad se produce. Esta sustancia puede provocar respuestas positivas cuando está en equilibrio, pero también negativas, las cuales varían dependiendo si se produce en poca o demasiada cantidad. Algunas de ellas son las siguientes:

RESPUESTAS NEGATIVAS

Ocasiona sensación de vacío.

Aumenta la frustración.

Intensifica la irritabilidad.

Incita las adicciones y el abuso de sustancias.

Agudiza la sensación de insatisfacción.

Causa problemas de movilidad.

DOPAMINA: LA HORMONA DEL PLACER

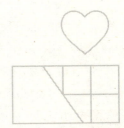

RESPUESTAS POSITIVAS

Aumenta la determinación.

Influye en cómo se experimenta el placer.

Controla la función motora.

Proporciona energía.

Incrementa la creatividad.

Regula la presión sanguínea.

Impacta en la creación de recuerdos de largo plazo.

Agudiza la capacidad de concentración.

Mejora las funciones de aprendizaje.

Promueve la motivación.

Reduce el cortisol.

Participa en la digestión.

Un caso para analizar

Ernesto es un programador cuya carrera está en ascenso. Se independizó hace un par de años y considera que fue la decisión correcta. Ha consolidado su propia marca, tiene una cartera de clientes que no para de crecer y gana bien. Todo mientras trabaja desde casa y administra su tiempo según su preferencia.

Ama lo que hace y nunca le falla a sus clientes. Pero lo que ellos no saben es lo que sucede puertas adentro antes de la fecha de entrega. Ernesto es un procrastinador crónico. Aunque marca en su calendario la fecha de entrega y hace un mapa mental de cómo avanzar día a día para concluir tranquilamente el proyecto, nunca lo cumple.

Cada vez que se sienta frente a la computadora hace cualquier cosa menos programar. Revisa su correo, lee las noticias, navega en redes sociales y busca videos en YouTube. También toma su celular cada dos por tres, chatea por WhatsApp, mira historias en Instagram y *scrollea* en TikTok. Cuando reacciona, han pasado horas.

DOPAMINA: LA HORMONA DEL PLACER

«¡Basta! Ahora sí, a trabajar», se reclama a sí mismo. Programa unos minutos, pero cuando le llega una notificación vuelve a zambullirse en el celular. Luego se levanta, va a la cocina, picotea algo y termina dando vueltas por la casa. Pasa una hora más hasta que vuelve a la laptop.

Todos sus proyectos terminan igual: los últimos días antes de la fecha de entrega son una locura. Entra en pánico, trabaja hasta la madrugada y vive a base de comida chatarra y bebidas energizantes. Solo duerme un par de horas por noche. Aunque siempre logra entregar su trabajo, el ciclo de procrastinación lo deja exhausto y con remordimientos.

Un día, durante una de sus típicas jornadas de procrastinación, se topó con la charla de un neurocientífico en YouTube. Parecía que el especialista estuviera describiendo su vida. Ahí se enteró de que, con cada *reel* de Instagram, con cada mensajito de WhatsApp y cada papa frita que come, recibe un golpe de dopamina que le da placer instantáneo. Ha condicionado a su cerebro para recibir esas gratificaciones inmediatas en vez de enfrentar tareas que requieren esfuerzo sostenido.

Es un llamado de atención. Ernesto decidió acudir a un especialista para trabajar en técnicas de gestión del tiempo y aprender a equilibrar su búsqueda de dopamina a través de logros a largo plazo.

DESBLOQUEA TU MOTIVACIÓN: DOPAMINA

Tu especialista de cabecera dice

MARIAN ROJAS ESTAPÉ

Es psiquiatra por la Universidad de Navarra y experta en el enfoque integral de la salud, que une la psicología, la medicina y el bienestar emocional. Además, es conferencista internacional y autora de *bestsellers* como *Encuentra tu persona vitamina* y *Cómo hacer que te pasen cosas buenas*. Acerca de la dopamina, comenta:

DOPAMINA: LA HORMONA DEL PLACER

"Niveles óptimos de dopamina pueden aumentar nuestra propensión a asumir desafíos y tomar decisiones arriesgadas cuando percibimos que existe la posibilidad de obtener una recompensa significativa. Esta dinámica puede ser especialmente relevante en contextos como el empresarial, donde la toma de decisiones y la disposición para correr riesgos pueden influir en el éxito profesional".

ÁLVARO BILBAO

Es doctor en Psicología y neuropsicólogo formado en el Hospital Johns Hopkins de los Estados Unidos. Como experto clínico y divulgador, se especializa en el estudio del cerebro y el desarrollo infantil. Sobre este tema, afirma:

DOPAMINA: LA HORMONA DEL PLACER

> Si experimentamos mucha dopamina porque pasamos mucho tiempo con las redes sociales y el teléfono móvil, vamos a recibir muchos impactos de cosas nuevas, que es algo que le encanta a la dopamina. Los niveles de dopamina van a subir, con lo cual cada vez vamos a estar más excitados, más nerviosos y nos va a costar trabajo relajarnos.

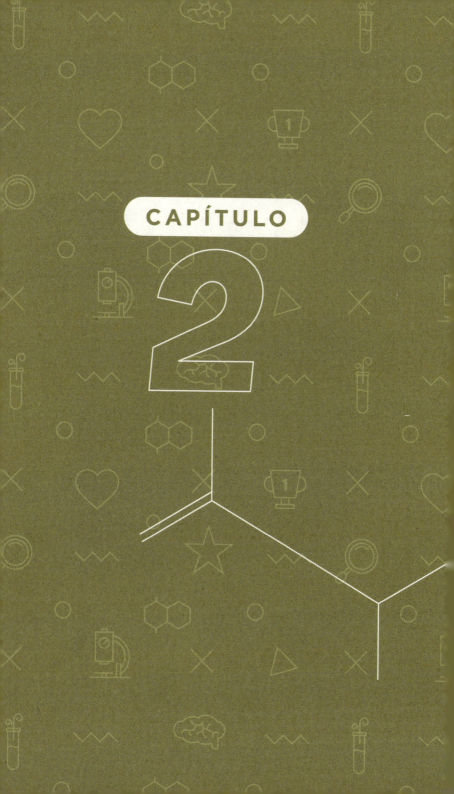

CAPÍTULO 2

NUESTRA ALIADA EN LA

motivación

DESBLOQUEA TU MOTIVACIÓN: DOPAMINA

¿Cuándo liberamos dopamina?

En su función como neurotransmisor, nuestro cuerpo libera dopamina en circunstancias asociadas al placer, la recompensa y la motivación. Esto sucede, generalmente, en dos momentos.

Por un lado, cuando experimentamos algo que directamente nos da satisfacción y nos hace sentir bien, como comer un chocolate, recibir un cumplido o besar a alguien con pasión. En estos casos, nuestro cuerpo eleva la cantidad de dopamina de forma significativa, lo que activa el circuito de recompensa del cerebro y nos hace sentir en la cima del mundo, aunque su duración es breve. Incluso conseguir un espacio para estacionar el coche en una calle atareada ¡puede disparar nuestra dopamina!

Por otro lado, cuando anticipamos que en el futuro cercano existe una recompensa que nos está esperando, también se liberan pequeñas dosis de dopamina; estas nos mantienen enfocados y propician que vayamos en busca de ese objetivo, como cuando nos preparamos para una entrevista de trabajo, un

NUESTRA ALIADA EN LA MOTIVACIÓN

examen o para participar en una maratón. Es como blandir una zanahoria frente a un caballo.

La voz de la experiencia

El cerebro aprende mediante la experiencia. Esto significa que en nuestra mente quedan grabados episodios pasados que, bioquímicamente, nos impulsan a repetir o evitar vivencias. Por eso, al recordar u observar cosas que antes nos han hecho sentir bien, como el video de un cumpleaños, es posible segregar dopamina. Lo mismo sucede si recordamos episodios en los que logramos cubrir una necesidad o sentimos alivio o ayuda.

Además, la dopamina nos hace olvidar el dolor, ya que este se procesa en la misma área cerebral y no es posible experimentar ambas sensaciones a la vez. Por tanto, esta hormona puede actuar como analgésico, aunque solo por un momento.

Alcanzar objetivos

La sensación de logro es el mayor potenciador de dopamina. Por eso, bien dirigida, esta hormona es una excelente herramienta para canalizar nuestra voluntad a favor de la concreción de metas, debido a que nos ayuda a concentrarnos, nos motiva y facilita la organización de proyectos.

Eso sí, para aprovechar los beneficios de la dopamina es importante que los retos sean planteados de acuerdo con nuestras capacidades. Si la meta es muy fácil de obtener, bajará la dopamina porque no implica ningún desafío. Por el contrario, si la meta es demasiado exigente puede ocasionar frustración, ansiedad y estrés.

La clave es dividir el objetivo principal en metas más cortas que podemos cumplir en el camino y que permitirán liberar la dopamina que sostendrá el impulso.

Únicos e irrepetibles

Cada persona tiene un nivel particular de dopamina en su organismo, determinado por dos factores: la genética y el estilo de vida. Esto impacta directamente en qué tan motivados y abiertos nos sentimos en el día a día. También influye en nuestra curiosidad.

NUESTRA ALIADA EN LA MOTIVACIÓN

Nuestro nivel base de esta sustancia se establece antes de los picos que se generan por las vivencias placenteras: dependiendo de qué tan alto sea, estaremos más o menos dispuestos a perseguir objetivos, emocionarnos por emprender y probar nuevas experiencias.

Si el nivel de referencia de dopamina en un individuo es alto, esa persona querrá comerse el mundo. Por el contrario, si es bajo, preferirá no asumir riesgos y carecerá de impulso.

Vínculo emocional

La dopamina es el puente que conecta memoria, emociones y motivación, dado que su presencia regula la duración de los recuerdos en nuestra mente. Para que retengamos información durante más tiempo esta debe estar vinculada a una emoción, pues la dopamina activa zonas cerebrales que conectan la memoria con el control de las emociones.

Gracias a ella, los eventos relevantes de manera emocional se consolidan en nuestra memoria y nos impulsan a buscar más vivencias placenteras o evitar las negativas.

Relaciones químicas

Estas son algunas de las hormonas y los neurotransmisores que influyen en nuestro bienestar y con las que interactúa la dopamina.

Serotonina

Su balance con la dopamina es importante, pues dependiendo de las circunstancias, pueden trabajar juntas para aumentar las emociones positivas o inhibirse y frenarse entre sí.

El estilo de vida moderno no contribuye a ese equilibrio. El consumo de fuentes de dopamina poco constructivas —como comida chatarra o las redes sociales— afecta el nivel de referencia de esta sustancia e interfiere con la sensación de bienestar y satisfacción que proporciona la serotonina. Esto puede crear una mayor dificultad para experimentar placer duradero e incidir en la regulación emocional.

Cortisol

Según la circunstancia, el cortisol actúa con la dopamina de forma complementaria u opuesta. Durante los episodios de estrés agudo, ambas sustancias se comportan como aliadas. Ante un desafío, el cortisol se dispara y nos prepara para dar respuesta. La dopamina también aumenta para mantenernos motivados y enfocados en encontrar una solución.

Por el contrario, en un estado de estrés crónico, estas hormonas se convierten en enemigas. Un cortisol elevado de forma prolongada inhibe a la dopamina y sus circuitos. Esto disminuye la motivación, el placer y el deseo de realización.

Oxitocina

La oxitocina y la dopamina suelen segregarse de manera conjunta cuando estamos en contacto con alguien, debido a que la compañía de los demás nos resulta placentera, nos vincula y nos ofrece una profunda satisfacción.

Además, ambas hormonas son liberadas cuando existe un contacto físico como besar a alguien, tener relaciones sexuales o alcanzar un orgasmo.

DESBLOQUEA TU MOTIVACIÓN: DOPAMINA

El mapa de la motivación

Cada vez que deseamos algo, liberamos dopamina. Cuando lo obtenemos, también. Con la repetición de este fenómeno, se activa un circuito de recompensa que nos motiva a volver a realizar aquello que nos dio placer. Así es como nuestro cuerpo actúa frente al deseo y la gratificación:

1 ANTES

Cuando se genera la expectativa por conseguir una recompensa como satisfacer un antojo o anticipar un logro, el cerebro libera pequeñas dosis de dopamina que nos mantienen enfocados y en estado de búsqueda activa del objetivo. Ahí ocurre lo siguiente:

ESTRIADO DORSAL
Se forman hábitos identificando patrones agradables.

CORTEZA PREFRONTAL
Se potencia la toma de decisiones y la capacidad para establecer objetivos de más complejidad. También se crean visualizaciones de las metas.

AMÍGDALA
Se estimulan los recuerdos placenteros de otras oportunidades cuando esos deseos fueron saciados.

NÚCLEO ACCUMBENS
Se origina el impulso y la motivación.

64

NUESTRA ALIADA EN LA MOTIVACIÓN

2 DURANTE

Cuando se logra un objetivo o se vive una situación gratificante como escuchar nuestra canción favorita, comer o alcanzar el orgasmo, se libera una gran cantidad de dopamina en el cerebro.

Esta sustancia activa distintas áreas cerebrales que brindan sensaciones de placer, euforia y bienestar. A la vez, nuestro sistema de recompensa se refuerza y provoca el impulso de repetir las acciones que nos brindaron placer o reconocimiento.

3 DESPUÉS

Tras el pico de dopamina ocasionado por la concreción de una acción que nos da placer, el cuerpo busca volver al equilibrio. La cantidad de dopamina en nuestro sistema baja, pero no regresa al mismo nivel que tenía antes del estímulo, sino que disminuye.

Por esto, para volver a sentir el mismo pico de placer experimentado antes se necesitará más dopamina, porque el punto de partida será más bajo. Por eso es importante que nuestros objetivos nos sigan desafiando y motivando.

Si el sistema se sobreestimula, puede generar una dependencia hacia los factores que liberan dopamina con facilidad, lo que nos hará perder el interés por las recompensas naturales como las relaciones sociales o las metas personales.

DESBLOQUEA TU MOTIVACIÓN: DOPAMINA

Un caso para analizar

Carla vive una vida de película. Cada semana necesita experimentar algo nuevo y, por supuesto, tiene que ser a lo grande. Desde su punto de vista, ir a tomar un café o salir a caminar con amigos es para gente simple y aburrida. A ella, una joven publicista de 26 años, le atrae lo exorbitante. Comer en *el* restaurante de moda, salir a *la* discoteca de turno u hospedarse en el nuevo hotel *boutique* que recomiendan los *influencers*. Obviamente, estas aventuras quedan documentadas minuto a minuto en sus redes sociales. Cada *like* alimenta sus ganas de más.

A ella la mueve esa emoción de ir por lo desconocido. Hace tiempo que perdió el interés en las cosas simples como disfrutar de un paseo por el parque o una conversación. Cuando lo hace, siente que se está perdiendo algo mejor.

Su vida, entonces, es una búsqueda constante de experiencias que en el momento la hagan sentirse plena. Sin embargo, no entiende por qué después de cada una de ellas todo se desploma y siente un vacío que no logra llenar. Es como si la expectativa que construyó se esfumara en un instante. Lo único que le devuelve la ilusión es planear la siguiente gran aventura, pero sabe que una vez que se concrete, volverá su insatisfacción.

Además, hay otro detalle: la vida que Carla lleva es insostenible con lo que gana como analista *junior* en una agencia de *marketing*. Solo sus dos amigas más cercanas lo saben. Por eso, al regresar de un viaje por la Costa Amalfitana, en Italia, ella las reunió y les confesó que se ahoga en deudas y que el banco está por embargarle el auto.

Finalmente decidió acudir a terapia para controlar sus impulsos y mejorar sus finanzas. Allí, la psicóloga le explicó que esto es solo la punta del *iceberg*. Por su abuso de estímulos, su cerebro se ha acostumbrado a recibir constantemente dopamina. Eso la mantiene atrapada en un círculo vicioso donde busca más y más gratificación instantánea.

Para recalibrar su sentido genuino de satisfacción, le toca aprender a disfrutar nuevamente de las pequeñas cosas: deleitarse con una puesta de sol o reírse con amigos. También trabajar en su proyecto personal y propósito de vida. Le tomará tiempo, pero no es imposible.

DESBLOQUEA TU MOTIVACIÓN: DOPAMINA

Tu especialista de cabecera dice

ANA ASENSIO

Es doctora en Neurociencia por la Universidad Complutense de Madrid y psicóloga general sanitaria, neuropsicóloga y psicoterapeuta Gestalt con más de veinte años de experiencia. En su libro *Neurofelicidad*, afirma:

NUESTRA ALIADA EN LA MOTIVACIÓN

"Cuando nos organizamos y vamos cumpliendo con aquello que nos habíamos propuesto se incrementan nuestros niveles de dopamina. Hay que tener en cuenta que las grandes cosas siempre llegan a través de pequeños pasos. Así que ya sabes, trata de terminar aquello que empiezas. Hasta los logros que consideres más insignificantes pueden ayudar a generar dopamina de forma natural. Tus niveles aumentarán al tachar una tarea cumplida en tu agenda"

DESBLOQUEA TU MOTIVACIÓN: DOPAMINA

DAVID JP PHILLIPS

Es un emprendedor sueco que ha dedicado gran parte de su carrera a estudiar cómo la neurociencia y la biología afectan la forma en que los seres humanos reciben y procesan información. En *Las 6 hormonas que van a revolucionar tu vida*, sostiene:

NUESTRA ALIADA EN LA MOTIVACIÓN

"Es probable que, históricamente, los humanos tendieran a un mejor equilibrio entre la serotonina y la dopamina que la mayoría de nosotros, que somos los invitados al festín de dopamina que es la vida moderna. Cuanta más dopamina te permitas consumir, más desearás y estarás más tiempo en peligro de perder la sensación natural de satisfacción y bienestar que proporciona la serotonina"

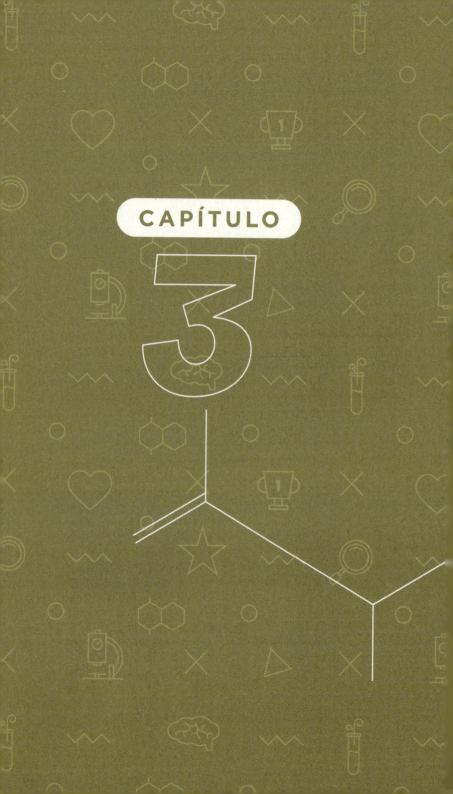

CAPÍTULO 3

CUANDO LAS alertas SE DISPARAN

DESBLOQUEA TU MOTIVACIÓN: DOPAMINA

Cuestiones de equilibrio

Imagínate de pie en medio de Times Square en Nueva York. Estás rodeado de carteles luminosos, pantallas, multitudes y bullicio; los estímulos son tantos que te abruman y descolocan. En la actualidad, algo parecido le pasa a nuestro organismo y su circuito de recompensa.

Vivimos en una sociedad que nos bombardea constantemente con estímulos altamente gratificantes. Las notificaciones del celular, las compras impulsivas y las apuestas *online* son solo algunos ejemplos. En este contexto, nuestro cuerpo libera dopamina cada vez que anhelamos o experimentamos placer, lo que provoca que viva inundado de esta sustancia.

Todo lo que sube tiene que bajar

El problema con la sobreestimulación es que nuestro sistema no está diseñado para su manejo a largo plazo. Todas las personas tenemos un nivel base de dopamina en el cuerpo y cada vez que vivimos o anticipamos una experiencia gratificante se genera un pico de dopamina. Después, el cuerpo vuelve al equilibrio y la dopamina desciende a los niveles normales de referencia. No obstante, si la estimulación es excesiva o demasiado frecuente (como en el caso de la adicción), la dopamina no volvería al mismo nivel que tenía antes de reaccionar al estímulo, sino que disminuiría aún más.

¿Qué significa esto? Que, en el caso de las adicciones, para volver a sentir el mismo placer experimentado anteriormente se necesitará un estímulo más intenso que obligue a segregar más dopamina, pues el punto de partida ahora es más bajo. Por eso, las personas que consumen algún tipo de droga necesitan una dosis cada vez mayor para experimentar el mismo efecto.

En consecuencia, poco a poco se va adormeciendo la respuesta al placer y cuesta más llegar a la gratificación. Uno no solo corre el riesgo de volverse adicto a las drogas, sino también a elementos no necesariamente dañinos, como el azúcar y las redes sociales.

¿Por qué preferimos todo lo «malo»?

El cerebro vive bajo la ley del mínimo esfuerzo: siempre preferirá obtener gratificación de fuentes que no le demanden mucha energía. Entonces, en vez de motivarnos a terminar de leer un libro, cocinar o salir a caminar, nos pide que abramos una bolsa de papas fritas o juguemos un videojuego. Esto nos dará placer instantáneo sin costarnos nada.

No obstante, dependiendo del tipo de estímulo que consumamos, la gratificación puede quedarse únicamente en una satisfacción fugaz que no sume nada de valor real a nuestra vida ni aporte a nuestro bienestar, motivación y positivismo más allá del momento de consumo.

Los causantes

Salvo por razones médicas, las variables que alteran la dopamina son, en gran medida, de carácter conductual antes que psicológicas o ambientales.

Algunos factores que modifican el balance de este neurotransmisor son:

vinculadas a desórdenes en la producción y procesamiento de este neurotransmisor. Algunas de ellas son el párkinson, la esquizofrenia y el trastorno por déficit de atención con hiperactividad (TDAH).

Por ejemplo, en el párkinson la pérdida de dopamina en áreas cerebrales como los ganglios basales impacta en el control que se tiene sobre el movimiento del cuerpo. En el caso de la esquizofrenia, los delirios y alucinaciones propios de este trastorno se vinculan a una cantidad alta de este neurotransmisor, mientras que la falta de motivación se relaciona con niveles bajos del mismo. Finalmente, en lo referido al TDAH, aunque la ciencia aún no determina contundentemente sus causas, sí es sabido que las personas con esta condición tienen dificultad para producir y utilizar la dopamina, lo que afecta su concentración y atención.

Dopamina bajo la lupa

No existe una forma directa de medir los niveles de este neurotransmisor. A través de exámenes de sangre y orina, es posible saber cuánta dopamina existe en nuestro organismo, pero no cómo reacciona nuestro cerebro a ella.

- Consumir alimentos ultraprocesados, como comida chatarra y azúcar refinada
- Consumir alcohol y drogas
- Jugar videojuegos
- Llevar una vida sedentaria
- Maratonear series y películas
- Revisar constantemente el correo electrónico
- Navegar en internet sin un propósito puntual
- Consultar portales de noticias permanentemente
- No desconectarse del mundo digital
- Apostar en línea
- Comprar por internet
- Realizar varias tareas en simultáneo
- Tener una mala calidad del sueño
- Gestionar deficientemente el estrés
- Socializar poco
- Consumir pornografía

Casos médicos

Por lo general, un estilo de vida con hábitos poco saludables es la principal razón detrás de las alteraciones en nuestros niveles de dopamina. Sin embargo, existen condiciones médicas que también están

CUANDO LAS ALERTAS SE DISPARAN

En estos estudios, llamados *pruebas de catecolaminas*, se determina la cantidad de dopamina (además de noradrenalina y epinefrina) que producen las glándulas suprarrenales. En el caso del examen de orina, es necesario realizar una recolección durante un periodo de 24 horas, mientras que en la prueba de sangre solo se realiza una única extracción.

Las pruebas de catecolaminas no reflejan lo que sucede con la dopamina en el cerebro, sino que son utilizadas para diagnosticar algunos tipos de tumores. Para determinar si se tienen alterados los niveles de dopamina y cómo afecta esto a nuestro bienestar, se analiza la sintomatología, el estilo de vida, el historial médico y el resultado de ciertos exámenes.

En el caso del párkinson, mencionado previamente, sí es posible realizar una tomografía en la que, a través de la inyección de un radiofármaco, se obtienen imágenes del cerebro para identificar la reducción de dopamina en los ganglios basales que se asocia con este trastorno.

Nuestros hábitos influyen directamente en la cantidad de dopamina que producimos.

Alteraciones y efectos

Los cambios en el nivel base de la dopamina por un exceso de estímulos rápidos de gratificación alteran nuestra sensibilidad a las recompensas. Además, el consumo de ciertas fuentes gratificantes —como las drogas— puede dañar los receptores de dopamina y alterar sus circuitos.

Cuando ocurre un desequilibrio de dopamina, podemos sufrir una extensa variedad de efectos en nuestro cuerpo y mente. Dependiendo de si los niveles son altos o bajos, estos varían.

NIVELES ALTOS

Problemas para conciliar el sueño

Aumento de la agresividad

Problemas de autocontrol

Irritabilidad

Estrés y ansiedad

Adicciones

CUANDO LAS ALERTAS SE DISPARAN

NIVELES BAJOS

Tristeza y apatía

Desinterés

Falta de ilusión

Sensación de debilidad

Depresión

Pocas ganas de socializar

Baja energía

Dificultad para concentrarse

Somnolencia y cansancio al despertar

Pérdida del apetito sexual

Confusión

Cambios repentinos del humor

Problemas de memoria

DESBLOQUEA TU MOTIVACIÓN: DOPAMINA

Test: ¿Dopamina en equilibrio?

Esta prueba está diseñada para que sondees los niveles de dopamina en tu organismo. Responde con sinceridad y recuerda que no es un diagnóstico médico ni sustituye una evaluación profesional, pero puede darnos indicios útiles para identificar algún desequilibrio. Tómalo como un punto de partida para reflexionar sobre tu salud.

1. ¿Sientes la necesidad de revisar el celular o de picotear comida mientras haces otra actividad?		
	a.	No, puedo enfocarme en lo que estoy haciendo sin distraerme.
	b.	A veces lo hago, pero no es muy frecuente.
	c.	Interrumpo continuamente lo que hago para mirar el celular o comer.

CUANDO LAS ALERTAS SE DISPARAN

2.
¿Últimamente te has sentido más irritable, ansioso o de mal humor?

a. Mi estado de ánimo es el mismo de siempre.

b. Por momentos tiendo a irritarme o ponerme ansioso.

c. Me molesto con facilidad y mi mal humor se mantiene.

3.
¿Sueles procrastinar o postergar tareas importantes?

a. Siempre me organizo y cumplo con los plazos.

b. A veces pospongo algunas tareas, pero al final las hago.

c. Dejo todo para el final y corro para cumplir con los plazos.

4.
¿Te sientes desmotivado o decaído sin una razón aparente?

a. Vivo con energía para realizar diversas tareas.

b. Ocasionalmente, puede que no tenga ganas de hacer ciertas actividades.

c. Es muy difícil encontrar algo que me motive.

DESBLOQUEA TU MOTIVACIÓN: DOPAMINA

5.
¿Se te dificulta disfrutar de actividades que antes te generaban placer?

a.	Sigo disfrutando de las cosas de siempre.
b.	A veces siento que disfruto menos de algo que solía gustarme.
c.	Siento que nada me da placer o ya no me gusta como antes.

6.
¿Te cuesta concentrarte y te distraes con facilidad mientras ejecutas una tarea?

a.	Logro enfocarme en terminar lo que hago.
b.	A veces me es difícil estar concentrado o trabajar de corrido.
c.	Pierdo la concentración fácilmente y me cuesta terminar lo que empiezo.

CUANDO LAS ALERTAS SE DISPARAN

7. ¿Consideras que te falta creatividad o inspiración?

a. Tengo el mismo nivel de creatividad de siempre.
b. Por momentos, me cuesta sentirme inspirado.
c. Nada me inspira o activa mi creatividad.

8. ¿Te cuesta conciliar el sueño o mantener un horario regular para dormir?

a. No, la mayoría de las noches duermo bien.
b. A veces tengo problemas para dormir.
c. Sí, me cuesta conciliar el sueño o mantener un horario fijo para dormir.

DESBLOQUEA TU MOTIVACIÓN: DOPAMINA

9. ¿Consumes con frecuencia dulces y comida chatarra o han aumentado tus antojos por este tipo de productos?

a.	Tengo hábitos saludables y mi apetito es el de siempre.
b.	Ocasionalmente tengo antojos, pero no es frecuente.
c.	Vivo teniendo antojos, sobre todo por comida chatarra y dulces.

10. ¿Sientes que eres impulsivo o que tomas decisiones sin pensar?

a.	No, rara vez actúo sin pensar.
b.	Algunas veces hago o digo cosas sin pensar demasiado.
c.	Sí, últimamente me cuesta controlarme y actúo de forma impulsiva.

Has llegado al final. Esperamos que este test te haya ayudado a analizar tu día a día. ¿Listo para ver los resultados?

CUANDO LAS ALERTAS SE DISPARAN

Resultados

Mayoría de respuestas A

Tus niveles de dopamina parecen estar dentro de los rangos normales y no hay indicios de que estés sobreexpuesto a estímulos que impacten negativamente en tu equilibrio.

Mayoría de respuestas B

Es posible que tus niveles de dopamina presenten un desequilibrio moderado. Evalúa revisar y ajustar tus hábitos para que tengas una mejor gestión de estos estímulos.

Mayoría de respuestas C

Puede que tus niveles de dopamina estén desequilibrados. Considera realizar cambios importantes en tus hábitos y evalúa buscar apoyo profesional para mejorar tu bienestar.

DESBLOQUEA TU MOTIVACIÓN: DOPAMINA

Un caso para analizar

Diego tiene 19 años y estudiar diseño gráfico ha sido su sueño desde la adolescencia. Le emociona estrenarse pronto como alumno universitario. Sin embargo, pocas semanas después de su primer día de clases, empezó a sentirse desanimado: los temas le aburren y los trabajos le parecen demasiado largos.

El celular le ayuda a sobrevivir al tedio de las aulas. Suele estar muy pendiente de su Instagram, responde mensajes en WhatsApp y pasa horas en TikTok. Ni siquiera los compañeros que ha conocido en la universidad le quitan ese desgano. Prefiere mandarles memes y *stickers* antes que tener una conversación cara a cara. Tampoco se le cruza por la cabeza salir con ellos a pasear o tomar una cerveza. Como máximo coordina con alguno para jugar videojuegos, cada uno desde su casa.

Con el tiempo, Diego se ha sentido vacío e insatisfecho. Las cosas que antes lo motivaban ya no le interesan y hasta las interacciones con sus amigos le resultan superficiales. Las malas calificaciones no tardaron en llegar. Antes, su creatividad fluía a borbotones y siempre encontraba nuevas formas de expresarse. Ahora, no encuentra inspiración en nada. Apenas logra entregar sus trabajos, que tienen diseños básicos y con poca gracia. Como era de esperar, su promedio ha bajado.

Días después, durante una tutoría, la profesora le preguntó si algo estaba pasando. Diego se sinceró: «Quiero hacer cosas, pero todo me aburre. No tengo ganas de nada; solo se me antoja ver el teléfono y jugar».

La tutora le explicó que pasar tanto tiempo en internet contribuye a su desgano y frustración. Recibe lo que quiere con apenas un clic y eso afecta su capacidad para esforzarse. También limita su creatividad.

Diego no quiere seguir así, por lo que decidió hacer cambios: eliminó algunas aplicaciones de su celular y disminuyó las horas de uso. Al principio, le chocó muchísimo. Sin el teléfono, los días se sentían interminables, pero se obligó a continuar con el plan. Además, quiso reconectar con sus amigos de la escuela, a quienes ahora ve cada semana, y está organizando una primera salida con los chicos de la universidad.

Todavía le dan ganas de pasarse una jornada entera jugando en la computadora, pero Diego sabe que ahora está mejor. Su ánimo y motivación han regresado y ha vuelto a disfrutar nuevamente del diseño.

DESBLOQUEA TU MOTIVACIÓN: DOPAMINA

Tu especialista de cabecera dice

ANDREW DAVID HUBERMAN

Neurocientífico estadounidense y profesor asociado de Neurobiología en la Facultad de Medicina de la Universidad de Stanford. Además, presenta un pódcast dedicado a la salud y la ciencia con más de cinco millones de oyentes. En un episodio sobre la dopamina, expresó:

CUANDO LAS ALERTAS SE DISPARAN

El placer no es un problema. La dopamina no es un problema. Sin embargo, experimentar demasiado placer con demasiada frecuencia sin requerir de un esfuerzo previo para lograr ese placer o dopamina es terrible para nosotros. Reduce nuestro nivel básico de dopamina y la potencia de todas las experiencias

DESBLOQUEA TU MOTIVACIÓN: DOPAMINA

ANNA LEMBKE

Es profesora de psiquiatría en la Universidad de Stanford y jefa de la Stanford Addiction Medicine Dual Diagnosis Clinic. Como experta en adicciones, ha escrito una serie de libros divulgativos sobre la ciencia detrás de esta enfermedad. En *Generación dopamina* dice:

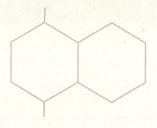

CUANDO LAS ALERTAS SE DISPARAN

Hemos transformado el mundo de un lugar de escasez a un lugar de abrumadora abundancia: drogas, comida, noticias, apuestas, compras, juegos, mensajes de texto, *sexting*, Facebook, Instagram, YouTube, tuits... El aumento en el número, la variedad y la potencia de los estímulos altamente gratificantes en la actualidad es asombroso. El teléfono inteligente es la aguja hipodérmica moderna que administra dopamina digital las 24 horas del día, los 7 días de la semana para una generación conectada

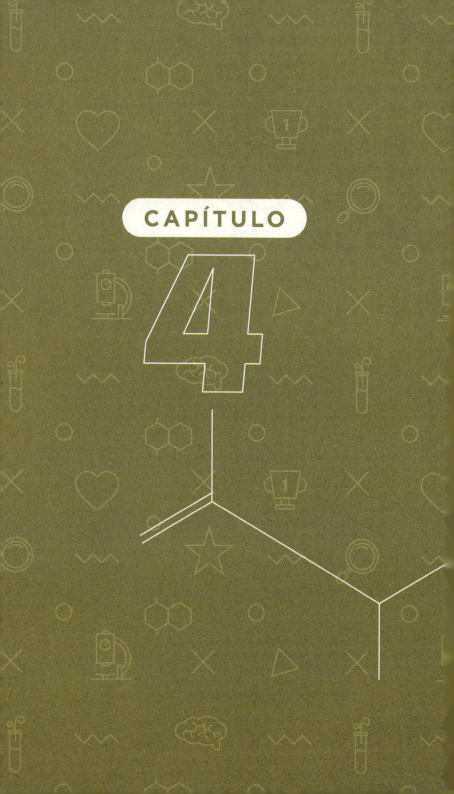

CAPÍTULO 4

EQUILIBRIO
Y
bienestar

Dopamina en balance

Sabemos que dejar de producir dopamina sería imposible, además de contraproducente, pues la necesitamos para el correcto funcionamiento de nuestro cuerpo. Entonces, el objetivo debe ser mantener en equilibrio los niveles de este neurotransmisor para que nos proporcione gratificaciones constructivas y no recompensas vacías.

Para lograrlo, es imprescindible filtrar el tipo de estímulos que consumimos. Lo recomendable es priorizar aquellas fuentes que alimenten nuestro mecanismo de recompensa, pero de manera saludable.

El buen estímulo

Comer un caramelo o una fresa puede darnos un pico de dopamina y saciar nuestro antojo por algo dulce. Sin embargo, la primera opción no nutrirá nuestro cuerpo y nos dejará con ganas de más. A pesar de que los mecanismos de recompensa están ahí para

EQUILIBRIO Y BIENESTAR

que nos sintamos bien, es importante utilizarlos a favor de nuestra salud.

Realizar actividades que nos nutran tanto física como mentalmente es una forma positiva de usar nuestros mecanismos de recompensa. Por ejemplo, podemos meditar, hacer ejercicio, jugar con nuestra mascota, caminar en la naturaleza o leer un libro.

Si bien nos demandarán más energía y esfuerzo, estas prácticas ayudan a mantener un nivel saludable de dopamina. Asimismo, propician la producción de otras hormonas y neurotransmisores beneficiosos como la serotonina, la oxitocina y las endorfinas, sustancias que contrarrestan los efectos de la producción de cortisol, la hormona del estrés. Esta combinación aumentará nuestra sensación de bienestar.

Cuestión de perspectiva

¿Se trata, entonces, de tirar el celular, no ver ninguna serie más en Netflix o renunciar a las papas fritas? No, el factor decisivo está en el balance de los hábitos. Si bien no hay una cifra exacta, deberíamos intentar que, aproximadamente, el 80% de los estímulos que provocan la segregación de dopamina provengan de acciones saludables como cocinar, bailar, leer, hacer deporte o practicar un pasatiempo. El otro 20% de los estímulos puede venir de acciones que no nos exigen ningún esfuerzo como jugar videojuegos, revisar las redes sociales o comer palomitas.

¿Por qué 80/20 y no 70/30 o 60/40? En definitiva, mientras al cuerpo le demos más dopamina sin pedirle que gaste mucha energía, nuestro cerebro nos incitará a que repitamos esta experiencia y aumentemos la cantidad. Es decir, vendrán los antojos y tentaciones. Una proporción de 80/20 permite controlar esto de manera más fácil.

Uno a la vez

A la vez que vemos la televisión, es común que también revisemos el celular y picoteemos algo de comer. Para nuestro cerebro, acumular fuentes de dopamina se *siente* mejor, pero no *es* lo mejor. El consumo simultáneo de estímulos afecta nuestra capacidad para sentir satisfacción y concentrarnos.

En resumen, es importante evitar la superposición de estímulos, así como el *multitasking*.

La clave está en la gestión

Bien llevada, la dopamina es energía positiva, impulso, motivación y satisfacción. Encontrar herramientas saludables que ayuden a segregar este neurotransmisor es una vía segura para aumentar nuestro bienestar.

Ponerse en movimiento

Está comprobado que la actividad física mejora la liberación de dopamina no solo durante su ejecución, sino hasta una semana después. También es una de las maneras más efectivas para combatir el estrés y la ansiedad, y evitar los antojos de comida chatarra.

Las opciones son infinitas, la clave es encontrar una práctica que nos cautive y que podamos mantener en el tiempo. Puedes intentar nadar, caminar, hacer zumba o deportes en equipo.

Si, además, le agregamos pequeños objetivos a nuestra práctica deportiva, potenciaremos aún más la dopamina que esta nos proporciona. Aprender un nuevo deporte, mejorar la técnica de algún movimiento que no dominamos, aumentar la dificultad de nuestros ejercicios o memorizar una nueva coreografía son estupendas alternativas para comenzar. Superar un desafío nos inundará de dopamina positiva.

El poder del otro

La interacción social libera dopamina. Conectar con las personas, intercambiar experiencias y compartir emociones nos estimula y también aporta a nuestro bienestar. Pero esto no pasa con la misma intensidad si el contacto es virtual en vez de presencial. Por este motivo, es importante priorizar la interacción frente a frente y compartir con otros en vivo y en directo.

Por otro lado, a través de estudios de imágenes cerebrales se ha comprobado que la cooperación y la reciprocidad activan el circuito de la dopamina. Es decir, hacer algo por el otro nos da satisfacción de la buena.

EQUILIBRIO Y BIENESTAR

Meditación y yoga

Existe evidencia de que al meditar y hacer yoga encontramos gratificación y se segrega dopamina. A la vez, estas actividades nos permiten disminuir la ansiedad y el estrés.

Las opciones de meditación y yoga son infinitas. Por ejemplo, el yoga nidra, también conocido como el «sueño yóguico», eleva los niveles de dopamina a nivel cerebral. En esta técnica, se realiza una meditación guiada en la que se alcanza un estado de profunda relajación física y mental, ya que quien la ejecuta se encuentra en el límite entre la vigilia y el sueño.

De igual manera, los ejercicios de respiración y el *mindfulness* estimulan la dopamina. Es posible encontrar propuestas para llevarlas a cabo en plataformas de *streaming* y aplicaciones como Headspace, Calm o Insight Timer.

Sorpresa y gratitud

Fomentar la capacidad de asombro en nuestra vida diaria puede ser una excelente forma de acrecentar los niveles de dopamina de manera saludable; esto implica estar abiertos a experiencias diversas, desde encontrar algo que andábamos buscando en casa hasta animarse a probar cosas nuevas. La curiosidad y mirar las cosas a través del lente del asombro y la admiración son un tipo de motivación que alimenta nuestro circuito de recompensa.

Expresar agradecimiento también es otra forma natural de potenciar nuestros niveles de dopamina: nos hace sentir satisfechos, alegres y plenos. El *journaling* es una práctica que consiste en escribir sobre nuestros anhelos, metas, ideas o temores, de modo que es una herramienta útil para trabajar en la gratitud. Solo debemos dedicar diez minutos al día para explorar nuestro interior y escribir. Algunas preguntas para arrancar son: ¿por qué me siento agradecido hoy?, ¿qué cosa buena me sucedió en este día?, ¿cómo cuidé de mí?

> La gratitud nos permite identificar lo bueno de nuestra vida. Al identificar estos logros, liberamos dopamina.

Risas y música

Sonreír segrega dopamina —al igual que endorfinas y serotonina—. Cuando reímos sucede lo mismo, aunque la liberación de estos neurotransmisores se da con mayor intensidad. Y si la risa es compartida, a la combinación se le suma la oxitocina. Expertos en neurociencia afirman que existe 30% más de oportunidades de reír en reuniones sociales que estando solo.

La música también es otra herramienta útil. El placer que proporciona escuchar nuestras canciones favoritas hace que se segregue dopamina. Además, cuando se canta y se baila, se libera oxitocina.

La música no solo nos entretiene o nos relaja, también influye en nuestra química corporal.

DESBLOQUEA TU MOTIVACIÓN: DOPAMINA

Cómo mantener la dopamina en equilibrio

Existen muchos caminos que puedes explorar en la búsqueda de tu bienestar integral. Estar bien, tanto física como mentalmente, depende de múltiples factores. Si los combinas, alcanzar esa meta será más sencillo. Veamos algunas recomendaciones:

1. CELULAR SALUDABLE

El uso indiscriminado del teléfono afecta enormemente nuestros niveles de dopamina. Es imprescindible establecer límites.

 Eliminar aplicaciones invasivas.

 Organizar horarios para revisarlo o bloquear rangos de tiempo.

 Desactivar las notificaciones.

 Evitar mirar el celular al despertar o usar *timers* para controlar el uso.

 Silenciarlo.

 Activar el modo avión al llegar a casa o durante una tarde de domingo.

104

EQUILIBRIO Y BIENESTAR

② LISTA DE COMPRAS

Para mantener la dopamina en balance necesitamos moderar el consumo de alimentos ultraprocesados o con azúcar añadida, pues estos generan elevaciones de ánimo y energía que luego descienden con rapidez, afectando el equilibrio a largo plazo. En cambio, una dieta rica en antioxidantes favorece la generación de dopamina al neutralizar los radicales libres (que dañan las células del cuerpo). Lo mismo ocurre cuando consumimos alimentos que poseen tirosina, ya que el organismo la usa como insumo para sintetizar dopamina. A continuación, te dejamos una lista de compras que contribuirá con tu bienestar.

Frutas y verduras

- Kiwi
- Almendras
- Plátano
- Aguacate
- Chirimoya
- Manzana
- Vegetales de hojas verdes
- Tomate
- Betabel

Carnes

- Res
- Pollo
- Pavo

Semillas

- De soya y sus derivados
- De calabaza
- De sésamo

Especias

- Cúrcuma

Lácteos

- Leche
- Queso
- Yogur

Bebidas

- Té verde

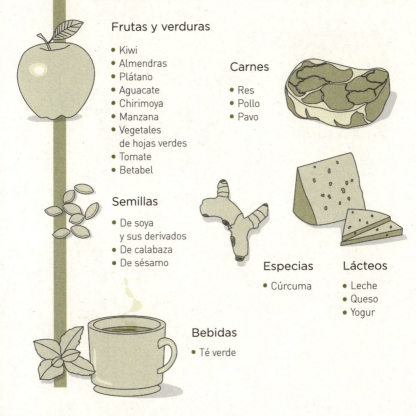

DESBLOQUEA TU MOTIVACIÓN: DOPAMINA

DESCONEXIÓN DIGITAL

En un mundo hiperconectado, tomar pausas digitales es fundamental para mantener el equilibrio de los niveles de dopamina.

- Controlar el tiempo frente a las pantallas

- No abusar de las jornadas de maratones de series. Netflix se puede configurar para que el siguiente contenido no se reproduzca de manera automática.

- Priorizar el juego físico antes que los videojuegos

- Reevaluar el uso de relojes inteligentes (o por lo menos desactivar las notificaciones)

TRABAJA TU VISIÓN

Un *vision board* es un *collage* en forma de tablero con imágenes, fotografías y frases que reflejan tus sueños, objetivos y aspiraciones; sirve como fuente de inspiración. Construye el tuyo con cartulinas, marcadores de colores, *stickers*, imágenes y frases que te motiven y te recuerden lo que quieres conseguir. Cuelga tu *vision board* en un lugar visible en tu habitación o baño para que puedas mirarlo por las mañanas antes de arrancar tu jornada. Al hacerlo, concéntrate en sentir lo que muestras en él. Potenciará tu motivación y energía.

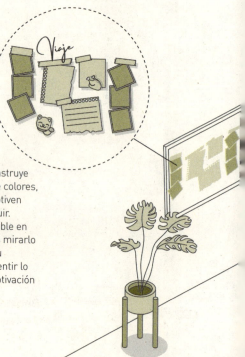

EQUILIBRIO Y BIENESTAR

DULCES SUEÑOS
Las alteraciones del sueño ocasionan déficits cognitivos.
Una buena higiene del sueño es clave para nuestro bienestar.

- Mantener la habitación a oscuras
- Incorporar un ejercicio de *mindfulness* o yoga nidra al acostarse en la cama

- No dormir demasiado abrigado
- No tomar café después del mediodía
- Evitar pantallas al menos 1 o 2 horas antes de acostarse

- Dormir a la misma hora todos los días
- Evitar contenido que te agobie o moleste antes de dormir
- Apagar el celular o dejarlo en silencio

DESBLOQUEA TU MOTIVACIÓN: DOPAMINA

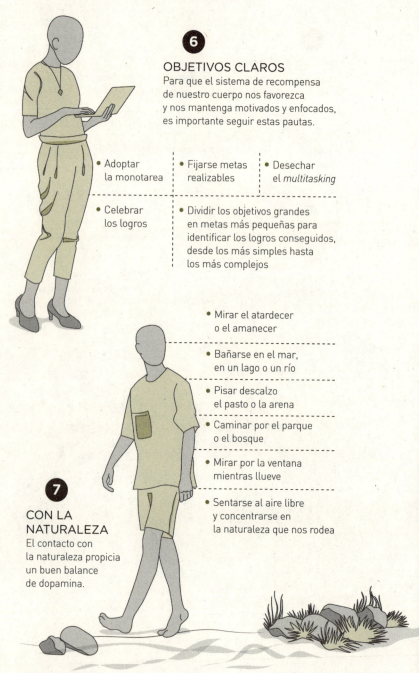

6 OBJETIVOS CLAROS
Para que el sistema de recompensa de nuestro cuerpo nos favorezca y nos mantenga motivados y enfocados, es importante seguir estas pautas.

- Adoptar la monotarea
- Fijarse metas realizables
- Desechar el *multitasking*
- Celebrar los logros
- Dividir los objetivos grandes en metas más pequeñas para identificar los logros conseguidos, desde los más simples hasta los más complejos

7 CON LA NATURALEZA
El contacto con la naturaleza propicia un buen balance de dopamina.

- Mirar el atardecer o el amanecer
- Bañarse en el mar, en un lago o un río
- Pisar descalzo el pasto o la arena
- Caminar por el parque o el bosque
- Mirar por la ventana mientras llueve
- Sentarse al aire libre y concentrarse en la naturaleza que nos rodea

EQUILIBRIO Y BIENESTAR

ENCONTRAR UN *HOBBIE*
Te proporcionamos algunas ideas.

Manuales	Artísticos	Mentales
• Cocinar • Coser • Pintar • Colorear • Tomar clases de jardinería o cerámica	• Cantar • Tocar un instrumento • Estudiar actuación o fotografía artística	• Leer • Escribir • Aprender un idioma • Resolver crucigramas

109

DESBLOQUEA TU MOTIVACIÓN: DOPAMINA

Test: Experto en dopamina

Pon a prueba tu conocimiento sobre la dopamina y su importancia para nuestro bienestar.

1. ¿Qué es la dopamina?		
	a.	Un neurotransmisor que controla el ciclo del sueño.
	b.	Una hormona que responde al estrés.
	c.	Un neurotransmisor que influye en la motivación.

2. ¿Dónde se produce la dopamina?		
	a.	En la médula espinal.
	b.	En el cerebro.
	c.	En el páncreas.

EQUILIBRIO Y BIENESTAR

3. Tras un pico de dopamina provocado por un estímulo gratificante, el nivel de esta sustancia...

a. Permanece elevado durante muchas horas.

b. Baja al mismo nivel que tenía antes del estímulo.

c. Desciende por debajo del nivel que tenía antes del estímulo.

4. ¿Cuál es una de las funciones principales de la dopamina?

a. Estimular la producción de leche materna.

b. Motivar la búsqueda de experiencias placenteras.

c. Preparar al cuerpo frente a una amenaza.

5. ¿Cómo impacta la dopamina en la memoria?

a. Ayuda a reforzar recuerdos asociados con emociones.

b. Bloquea por completo los recuerdos negativos.

c. No tiene ningún impacto.

111

DESBLOQUEA TU MOTIVACIÓN: DOPAMINA

6.
Un exceso de dopamina puede incidir en el desarrollo de...

a. Adicciones.

b. Gripes recurrentes.

c. Alergias.

7.
¿Cuál de estos es un síntoma de dopamina baja?

a. Aumento del deseo sexual.

b. Aumento de la energía.

c. Desgano y desinterés.

8.
¿Qué comportamiento impacta de forma negativa en la función de la dopamina?

a. Pasar mucho tiempo en las redes sociales.

b. Estar en contacto con la naturaleza.

c. Silenciar las notificaciones del celular.

EQUILIBRIO Y BIENESTAR

9. ¿Cuál de estos factores puede balancear naturalmente los niveles de dopamina?

a. Consumir altas cantidades de azúcar.
b. Frecuentar y compartir con amigos.
c. Trabajar en varias tareas a la vez.

10. ¿Qué herramienta es positiva para una buena gestión de la dopamina?

a. Practicar deportes extremos.
b. Meditar y hacer *mindfulness*.
c. Revisar a diario las redes sociales.

DESBLOQUEA TU MOTIVACIÓN: DOPAMINA

Respuestas:

1 → C
2 → B
3 → C
4 → B
5 → A
6 → A
7 → C
8 → A
9 → B
10 → B

Puntuación:

RESPUESTAS CORRECTAS
↓
8-10

EXPERTO
Tienes muy claro cómo funciona este neurotransmisor y cuál es su relevancia para nuestra salud. ¡Felicidades!

EQUILIBRIO Y BIENESTAR

RESPUESTAS
CORRECTAS
↓

5-7

DE BASES SÓLIDAS

Tienes una buena base de conocimiento sobre la dopamina, pero podrías buscar más información para potenciar tu bienestar.

RESPUESTAS
CORRECTAS
↓

0-4

PRINCIPIANTE

Todavía te falta afianzar tus conocimientos sobre la dopamina y cómo influye en el cuerpo humano.

DESBLOQUEA TU MOTIVACIÓN: DOPAMINA

Tu especialista de cabecera dice

WENDY SUZUKI

Es neurocientífica y profesora de Psicología y Neurociencia en el Center for Neural Science de la Universidad de Nueva York. Lleva más de tres décadas investigando acerca de la plasticidad cerebral. Sobre la dopamina, señala:

> Al realizar una acción altruista, subimos los niveles de dopamina de nuestro propio cerebro [...] Pagar el café de la persona que va detrás de ti en Starbucks; pagar el peaje del coche que va detrás de ti en la cola; dejar una propina a la persona que se encarga de limpiar tu habitación de hotel... Son cosas muy sencillas de hacer y te proporcionan un sentimiento de satisfacción maravilloso

HELEN FISCHER

Fue una neurobióloga y antropóloga que estudió durante más de treinta años el amor y la atracción desde la química cerebral. Escribió seis libros sobre las relaciones humanas y la neurociencia. Sugiere lo siguiente:

EQUILIBRIO Y BIENESTAR

« Haz mucho ejercicio, eso activará el sistema de la dopamina y te dará un poco de energía, claridad y motivación. Es un analgésico. Sal con amigos. Haz cosas nuevas. Novedades, novedades, novedades. Hacer cosas nuevas con gente nueva activa el sistema de la dopamina ».

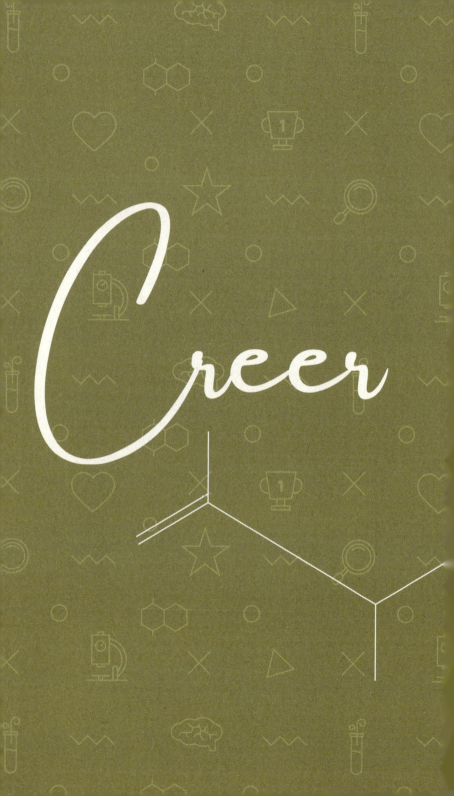

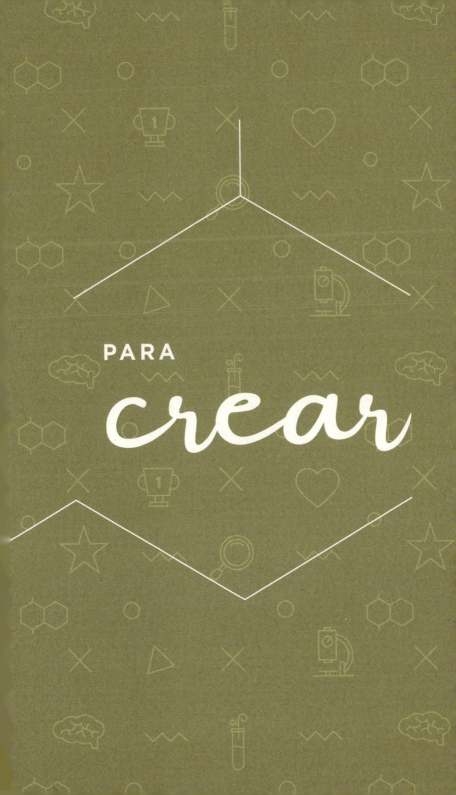
PARA crear

Doce pasos hacia la química de la felicidad

Hemos hablado muchísimo sobre cómo influyen las hormonas y los neurotransmisores en nuestro organismo y estado de ánimo. También de cómo su equilibrio nos pone —o no— en un estado pleno, de calma, relajación o felicidad. Por tal motivo, hemos preparado una lista de pasos para que los tengas en cuenta y los apliques en tu día a día para lograr el balance entre estos químicos indispensables del cuerpo que son tus grandes aliados para alcanzar una sensación de plenitud y bienestar.

1

RÍE

Busca a tu pareja, amigos, familia, vecinos y comparte risas, anécdotas y momentos agradables. La risa aumenta el consumo de energía y la frecuencia cardiaca en aproximadamente 10 y 20%. Se estima que se llegan a quemar entre diez y cuarenta calorías por cada diez minutos de risas.

2

MEDITA

↓

Es la forma más efectiva para reducir la ansiedad y el estrés. También ayuda a liberar las sensaciones negativas y a gestionar mejor las emociones, lo que te llevará a sentir paz y seguridad contigo mismo. Físicamente, contribuirá a disminuir tu presión arterial y te hará dormir mejor.

3 DUERME

4 HAZ EJERCICIO FÍSICO

De siete a nueve horas es lo recomendable para descansar lo suficiente. El sueño ayudará a tu cerebro a recuperarse del día a día, a desempeñarse mejor, tomar decisiones más acertadas, establecer mejores relaciones con otras personas, etc. Y no solo eso, también te sentirás más optimista.

Es la manera más eficiente en la que sentirás bienestar y felicidad, dado que el cuerpo libera gran cantidad de endorfinas, serotonina y dopamina. Además, la actividad física también disminuirá el estrés porque reduce el cortisol, te vuelve más sociable, aumenta tu sentido del orden y conecta el cuerpo con la mente.

5

COME SANO

De esta manera, aumentarás los niveles de dopamina en el cuerpo y recibirás los nutrientes necesarios para el correcto funcionamiento del cerebro y el sistema nervioso.

6

CUMPLE OBJETIVOS

↓

El sentimiento de felicidad que se experimenta al alcanzarlos te motivará más, te dará seguridad y confianza en ti mismo. Conseguir algo que realmente deseas es una de las satisfacciones más intensas que existen.

7 ABRAZA

El contacto físico con afecto mejora la autoestima, reduce el estrés, atenúa el estado de ánimo negativo y aminora la percepción de conflicto contigo mismo y con todos los que te rodean. Asimismo, contribuye a alejar la ansiedad y te brinda el alivio de sentirte como en un refugio.

8 Baila

En la soledad de la cocina, acompañado en una gran fiesta o con tu pareja. No solo liberarás dopamina y serotonina, sino que, además, oxigenarás el cerebro. Gracias a eso, se generan nuevas conexiones neuronales.

9 TOMA EL SOL

Es la única forma en la que el cuerpo produce vitamina D. Esto mejora el ánimo, disminuye la presión arterial, fortalece los huesos, músculos e incluso el sistema inmunitario. Eso sí, ten en cuenta que debes hacerlo con moderación y con la protección necesaria.

AYUDA A ALGUIEN

Las buenas acciones traen como recompensa el aumento de la satisfacción en la vida, mejoran el estado de ánimo y bajan los niveles de estrés. Esto te hará sentir valorado, reafirmará tus relaciones interpersonales, fortalecerá tus vínculos y generarás confianza y gratitud.

11

CONECTA CON LA NATURALEZA

↓

En general, salir a pasear por la playa, un bosque, la selva, una duna desierta o por espacios verdes, te hará más feliz. Los sentidos se estimulan, te llenas de paz, armonía y te conectas más con la vida.

12

AGRADECE

Te permitirá ser más consciente de los aspectos no materiales de la vida. El sentimiento de gratitud está íntimamente relacionado con la satisfacción personal, la salud mental, el optimismo y la autoestima. Asimismo, agradecer te permitirá conocerte mejor y gestionar de manera más adecuada las relaciones sociales.

COMPROMISOS

PARA MI BIENESTAR

En el capítulo 4, hemos explicado cómo mantener el equilibrio. Considerando esa información, sería ideal poner en blanco y negro tus compromisos personales de cara al futuro.

¿Qué quieres hacer de ahora en adelante? ¿Tal vez sonreír más o alimentarte de manera balanceada?

○ ....
....

○ ....
....

○ ....
....

○ ....
....

○ ....
....

○ ....
....

ACCIONES

PARA MI EQUILIBRIO

El camino para mantener nuestros compromisos y lograr nuestros objetivos está hecho de pequeñas acciones cotidianas que marcan la diferencia. La clave está en el cambio: ¿qué modificaciones concretas piensas hacer en tu vida para alcanzar los compromisos que anotaste en la página anterior?

Un gran cambio puede ser acostarte una hora más temprano o meditar diez minutos por las mañanas **¡La ruta la haces tú!**

LOS SERES QUE ELEVAN LOS QUÍMICOS

DE MI FELICIDAD

Las relaciones con otras personas son tan importantes para nuestra salud como comer bien o hacer ejercicio. Esos vínculos nos dan contención, apoyo, cariño y seguridad, lo que es vital para nuestro equilibrio emocional. Por eso, es fundamental tener presente quiénes son.

Escribe sus nombres
y añade un agradecimiento
para ellos por estar
en tu vida.

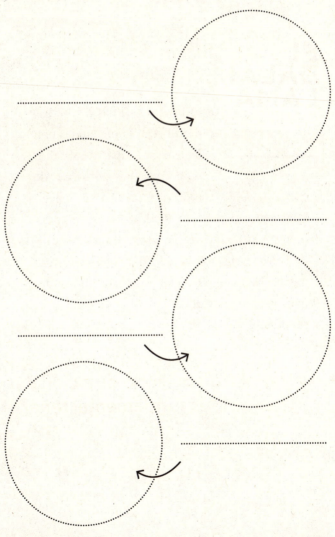

TU ESPECIALISTA DE CABECERA DICE

EL DALÁI LAMA

El líder espiritual del budismo tibetano tiene como una de sus principales misiones animar a las personas de todo el mundo a ser felices. Para lograrlo, trata de ayudarlas a comprender que, si sus mentes están alteradas, la comodidad física por sí sola no les traerá paz, pero si sus mentes están en paz, nada los perturbará. Además, promueve valores como la compasión, el perdón, la tolerancia, la satisfacción y la autodisciplina.